BEI GRIN MACHT SICH IHR WISSEN BEZAHLT

- Wir veröffentlichen Ihre Hausarbeit,
  Bachelor- und Masterarbeit

- Ihr eigenes eBook und Buch -
  weltweit in allen wichtigen Shops

- Verdienen Sie an jedem Verkauf

Jetzt bei www.GRIN.com hochladen und kostenlos publizieren

Bibliografische Information der Deutschen Nationalbibliothek:

Die Deutsche Bibliothek verzeichnet diese Publikation in der Deutschen National-
bibliografie; detaillierte bibliografische Daten sind im Internet über http://dnb.d-
nb.de/ abrufbar.

Impressum:

Copyright © 2006 GRIN Verlag, Open Publishing GmbH
Druck und Bindung: Books on Demand GmbH, Norderstedt Germany
ISBN: 9783640590049

Dieses Buch bei GRIN:

http://www.grin.com/de/e-book/148034/ueben-im-mathematikunterricht-der-grund-
und-hauptschule

Tanja Aust

Üben im Mathematikunterricht der Grund- und Hauptschule

GRIN Verlag

GRIN - Your knowledge has value

Der GRIN Verlag publiziert seit 1998 wissenschaftliche Arbeiten von Studenten, Hochschullehrern und anderen Akademikern als eBook und gedrucktes Buch. Die Verlagswebsite www.grin.com ist die ideale Plattform zur Veröffentlichung von Hausarbeiten, Abschlussarbeiten, wissenschaftlichen Aufsätzen, Dissertationen und Fachbüchern.

Besuchen Sie uns im Internet:

http://www.grin.com/

http://www.facebook.com/grincom

http://www.twitter.com/grin_com

Üben im Mathematikunterricht der Grund- und Hauptschule

1. Einleitung

„Heute habe ich zwei Stunden geübt."
„Für die nächste Klausur sollte ich noch mehr üben."
„Ich habe meinen genauen Übungsplan eingehalten."
„Heute habe ich überhaupt nichts geübt."

Jeder spricht fast täglich davon – vom Üben.
Aber was genau bedeutet Üben?
Warum muss man überhaupt üben?
Und vor allem, welche Formen des Übens gibt es?

Francis Schneider hat in der Einleitung seines Buches „Üben - was ist das eigentlich?" einige mögliche Definitionen zusammengestellt, von denen ich zu Beginn einige zitieren möchte:

„Üben -   bedeutet, eine Stelle so lange zu wiederholen, bis man sie kann
    -   bezeichnet den Transfer einer Information vom Arbeits- ins Langzeitgedächtnis
    -   bedeutet, sich etwas auf eine ganz bestimmte Art anzueignen
    -   ist lernerfolgsicherndes Arbeiten durch Wiederholen"[1]

Heutzutage wird das Üben als unverzichtbarer Bestandteil des Lernens angesehen, durch welchen bereits Erlerntes vertieft und besser verstanden werden kann. Dies war allerdings nicht immer der Fall. Erst in den fünfziger Jahren wurde die Übung aufgrund zahlreicher Untersuchungen und durch Ergebnisse der Lernpsychologie als bedeutsam anerkannt. Mit dem Lehrplan 1984 setzte eine Trendwende in Baden-Württemberg ein. „Sinnvolles Üben vermittelt Erfolgserlebnisse und bietet Ausdrucksmöglichkeiten für die verschiedenen Begabungen."[2] Im Lehrplan von 1994 wird das Üben im Erziehungs- und Bildungsauftrag folgendermaßen beschrieben: „In allen Unterrichtsbereichen trägt Üben dazu bei, dass Gelerntes sich einprägen und auf neue Zusammenhänge übertragen werden kann."[3]
Eine wichtige Definition stellt auch der aktuelle Lehrplan 2004 im Hinblick auf das Üben auf: „Das Üben hat große Bedeutung für einen am Verstehen orientierten Unterricht, der zum eigenverantwortlichen und selbstständigen Handeln der Schülerinnen und Schüler befähigen will. Übungen sollen den kreativen Umgang mit dem Erlernten ermöglichen. Sie sind dann besonders erfolgreich, wenn sie das Verstehen fördern, Einblicke in erfolgreiche Lösungsstrategien ermöglichen und Anlässe zum Weiterlernen bieten."[4]

2. Definition, Zweck und Funktion von Üben

Traditionell versteht man unter Üben eine wiederholte Tätigkeit zur Festigung und zum Erhalt einer Fertigkeit.

Geübt wird, wenn eine Aneignungs- und Erarbeitungsphase ganz oder halbwegs abgeschlossen ist.
Dies dient unterschiedlichen Zwecken:

1. der Automatisierung des zuvor Gelernten (Festigung, Routinisierung)
2. der Qualitätssteigerung (Vertiefung)
3. dem Transfer (Anwendung in neuen Wissens- und Könnensbereichen)

---

[1] vgl. Schneider 1998, S. 11-12
[2] vgl. Bildungsplan 1984, S. 14
[3] vgl. Bildungsplan 1994, S. 13
[4] vgl. Bildungsplan 2004, S. 75

Üben ist immer ein wichtiger Bestandteil eines Lernprozesses, wobei einerseits Einsicht vorausgesetzt werden muss, zum anderen aber auch neue Einsicht erreicht werden soll. Im Mathematikunterricht aller Schulformen und -stufen zeigen sich häufig große Unterschiede in der Entwicklung der Einpräge- und der Einübungstechniken, besonders deutlich zwischen den guten und den nicht so guten Mathematikschülern. So ist das Lernen ökonomischer und sinnvoller Einprägestrategien sicher ein wichtiger Aspekt des „Lernen-lernens"!

Im Zusammenhang mit dem Üben stehen allerdings viele Probleme und Diskrepanzen, zum Beispiel über das „wie" und das Maß, also „wie viel geübt werden soll".
Nach Auffassung von *Hendrik Radatz* und *Wilhelm Schipper* resultiert ein Teil dieser Probleme daraus, dass der Übungsbegriff nicht genügend präzisiert werden kann. Radatz und Schipper beschreiben verschiedene Übungsformen, die spezifische Ziele haben und unterschiedliche Funktionen im mathematischen Lernprozess erfüllen. Das heißt, dass die mit dem Üben verbundene Absicht auch über die Auswahl der Übungsform entscheidet.

3. Übungsformen

Radatz und Schipper unterscheiden folgende Übungsformen:

1. das automatisierende Üben - Grundaufgaben oder mathematische Techniken sollen bis zum sicheren automatisierten Beherrschen bewusst eingeprägt bzw. eingeübt werden.

2. das gestufte Üben - schrittweiser Ausbau mathematischer Fähigkeiten mit gestufter Schwierigkeitssteigerung, wie zum Beispiel Nachbar- und Analogieaufgaben

3. das operative Üben - dient dem Erwerb von Wissensnetzen und Fähigkeiten im Erkennen von Zusammenhängen und dem Anwenden von Gesetzmäßigkeiten

4. das anwendungsorientierte Üben - Gelerntes soll auf Anwendungssituationen oder neue Fragestellungen transferiert werden; eine sinnvolle Anwendbarkeit des gelernten Stoffes findet man in Textaufgaben.

5. das Zehn-Minuten-Rechnen - Hierzu zählt das Kopfrechnen, wobei das operative Üben, die Beweglichkeit des Denkens, mit Tausch-, Probe-, Nachbar- und Zerlegungsaufgaben trainiert wird.

3.1 Das automatisierende Üben

3.1.1 Ziel und Durchführung

Ziel des automatisierenden Übens ist es, Wissen und Können ausgewählter Inhalte und Routinen zu festigen. Ausgewählte mathematische Inhalte sollen so erlernt werden, dass Reaktionen als automatischer Prozess auf entsprechende Reize folgen. Antworten sollen automatisch, ohne bewusste Überlegungen, erfolgen.
Automatisierende Übungen können erst dann sinnvoll eingesetzt werden, wenn das Wissen des Schülers zum jeweiligen Inhaltsbereich ausgebildet sind.

3.1.2 Vorteile des automatisierenden Übens

1. Kenntnisse und Algorithmen werden so gefestigt, dass sie ohne das Einschalten des Bewusstseins reproduziert werden können (durch sogenannte „Reiz-Reaktions-Ketten"). Das Gedächtnis wird entlastet, was zum Beispiel wichtig für komplizierte Sachaufgaben

ist, die mehrere Gedankengänge erfordern. Dies bringt dem Schüler den Vorteil, dass er sich nicht so sehr auf Nebenrechnungen und Zwischenlösungen konzentrieren muss und möglicherweise so den roten Faden verlieren würde.

2. Die bis zur Automatisierung geübten Inhalte können als feste Subroutinen bei der Vermittlung neuer Inhalte eingebaut werden.
Ein Schüler, der das kleine Einspluseins beherrscht, kann sich bei der Einführung der schriftlichen Addition beispielsweise ganz auf diese neuen Inhalte konzentrieren. Ein erheblicher Anteil der Lernschwierigkeiten bei den schriftlichen Rechenverfahren beruht meist auf der nur unsicheren Beherrschung der Grundaufgaben. Durch die ständige Konzentration auf Nebenrechnungen kann sich der Schüler nicht auf das Verstehen des Algorithmus konzentrieren.

3.1.3 Gefahren/Schwierigkeiten/Probleme

Wird zu früh mit dem automatisierten Üben begonnen, kann dies zu einer Gefahr der falschen Regelbildung führen.
Das automatisierende Üben setzt voraus, dass dem Schüler zuvor in einer längeren Phase die Bedeutung der Begriffe und Prozeduren vermittelt worden ist. Das automatisierende Üben kann nicht das Verständnis ersetzen und darf deshalb auch nicht zu früh eingesetzt werden, da die Schüler sonst eventuell Fehlstrategien entwickeln und übernehmen. Diese sind später nur schwer wieder zu beheben.
Das automatisierende Üben darf also erst dann angewendet werden, wenn das Verständnis und das Wissen der Schüler zum jeweiligen Inhalt ausgebildet sind.
Die Aufgabe des Lehrers in der ersten Phase des automatisierenden Übens ist somit das Beobachten der Lösungsstrategien der Schüler und das Ausschalten und Korrigieren von Fehlstrategien.

Wird das automatisierte Üben über einen längeren Zeitraum als einzige Übungsform eingesetzt, kann dies einerseits für die Schüler langweilig wirken.
Zudem besteht die Gefahr, dass die Schüler die Bedeutung und damit den Zusammenhang zu anderen Inhalten vergessen. Eine Folge davon kann sein, dass die Kinder eine eventuell einfachere und elegantere Lösung nicht mehr über einen anderen Gedankengang erschließen können.

Gegenmaßnahmen:

Automatisierendes Üben sollte nie über einen längeren Zeitraum und ebenso wenig in Reinform eingesetzt werden.
Die Kinder sollten aktiv beteiligt werden. Wer beispielsweise eine Aufgabe löst, darf dann die nächste Aufgabe vorstellen.
Zudem sollten die Medien und die Darstellungsform der Aufgabendarbietung variieren, denn die richtige Mischung der Übungsformen ist allgemein, nicht nur wegen der Langeweile, sehr wichtig. Dies kann man dadurch erreichen, dass man beispielsweise verschiedene Spiele einführt, wie etwa Rechenbingo oder Eckenrechnen (GS bzw. 5.Kl HS)

3.1.4 Beispiele für das automatisierende Üben

Grundschule   - Grundaufgaben des kleinen Einspluseins und des Einmaleins
                   - mathematische Techniken, zum Beispiel das Einüben der vier schriftlichen Rechenverfahren Addition, Subtraktion, Multiplikation, Division
                   - Automatisierendes Üben und Entdecken von Gesetzmäßigkeiten auf und

mit der Hunderter-Tafel [5]
 - Aufgaben des Kopfrechnens, Übungsgeräte, Rechenkästchen[6]

weitere Beispiele: 2272 : 4 =   9554 : 5 =
                     2789 : 8 =   8182 : 9 =

         234   432   827   404   702   820
       + 462   + 435   + 161   - 342   - 190   - 78

Hauptschule[7] - das Ausmultiplizieren der binomische Formeln (Klasse 10)
               - das große Einmaleins
               - das Umwandeln von Maßeinheiten
               - das Bruchrechnen: Addition, Subtraktion und Multiplikation von
                 gleichnamigen und ungleichnamigen Brüchen

3.2 Das gestufte Üben

3.2.1 Ziel und Durchführung

Das Ziel des gestuften Übens ist es, durch Übungen mit sorgfältig gestufter
Schwierigkeitssteigerung die Fähigkeiten des Schülers schrittweise auszubauen.

Der theoretische Hintergrund des gestuften Übens ist das Prinzip der Isolierung der
Schwierigkeiten. Komplexe mathematische Anforderungen werden in viele kleine Teilschritte
zerlegt. Die einzelnen Schwierigkeiten werden hinsichtlich ihrer Schwierigkeit in eine
Reihenfolge gebracht und in dieser Reihenfolge nach und nach behandelt. Dieses
Unterrichtsverfahren wird stark vom Lehrer vorstrukturiert und es wird dem Schüler immer
nur eine kleine Steigerung des Schwierigkeitsgrades zugemutet.

„Treppenvergleich": Für kleine Kinder dürfen die Treppenstufen nicht zu hoch sein. Wenn
das Kind aber erst mal das Treppensteigen gelernt hat, dann können die Treppenstufen
allmählich größer werden. Allerdings sollte keine Stufe übersprungen werden, sonst besteht
die Gefahr des Stolperns. Jede einzelne Stufe benötigt deshalb genügend Übungen, um ein
sicheres Fundament für den nächsten Lernschritt zu schaffen. Die nächste Treppenstufe
sollte durch Aufgabenreihen vorbereitet werden, die im Idealfall einen sanften Übergang
ermöglichen. Dabei helfen besonders Reihen- und Analogieaufgaben.

Die Lerntreppe, die Teile des gestuften Übens enthält, ermöglicht dem Lehrer das
Überprüfen des jeweiligen Kenntnis- oder Fähigkeitsstandes eines Schülers in einem
speziellen mathematischen Anforderungsbereich, zum Beispiel durch die Stufung der
Schwierigkeiten von Aufgaben eines schriftlichen Rechenverfahrens, um über die ‚Analyse
von Fehlern' genauere Informationen zu den Fehlstrategien oder begrifflichen
Schwierigkeiten der Schüler zu erhalten.
Dies kann zum Beispiel am Anfang eines Schuljahres sehr hilfreich sein.
Zudem ermöglicht das gestufte Üben gut das Erkennen von dekadischen Analogien unseres
Zahlensystems.

---

[5] vgl. Radatz/Schipper 2006: 2. Schuljahr: S. 59
[6] vgl. Lorenz/Radatz 1993: Kapitel 3 Allgemeine Fördermöglichkeiten
[7] vgl. Leutenbacher 2001

3.2.2 Gefahren/Schwierigkeiten/Probleme

Reihen- bzw. Analogieaufgaben verführen den Schüler dazu, Aufgaben zu lösen, die über seinem bisher erreichten Niveau liegen (z.b. Zehner-, Hunderterüberschreitung). Das Lösen bedeutet aber nicht unbedingt, dass diese Fähigkeit generell schon beim Kind ausgebildet ist. Das heißt es wird ein Leistungsstand vorgetäuscht, den der Schüler als generelle Fähigkeit noch gar nicht besitzt. Reihen- und Analogieaufgaben dürfen deshalb nie die einzigen Wege sein, um die Kinder auf ein höheres Niveau zu führen.

Eine Schwierigkeit kann auch sein, dass das Kind nicht in der Lage ist die einzelnen gelernten Teilfähigkeiten zu einer komplexen Leistung zusammenzusetzen. So überblickt schließlich nur noch der Lehrer, wie die einzelnen Teile, in die er das Problem zerlegt hat, zusammenhängen.

Weiter können bei der Zerlegung einer komplexen Anforderung zwei Probleme auftauchen:
1. Manchmal sind keine linearen Stufungen möglich, weil gleichzeitig mehrere Aspekte Einfluss auf die Schwierigkeit der Aufgabe nehmen. Bei der Lösung der Aufgabe müssen dann gleichzeitig mehrere Dinge beachtet werden.
2. Die Abschätzung des Schwierigkeitsgrades durch den Lehrer orientiert sich häufig an einer fachlichen Analyse, die von seiner eigenen Strategie mit beeinflusst wird (*fachlich-subjektive Schwierigkeitsgradabschätzung*).
   Der Schüler wird dadurch in ein Lösungsschema gepresst, das eventuell nicht mit seinem Schema übereinstimmt. Die Folge kann sein, dass sich sein eigenes Verfahren mit dem des Lehrers zu einer fehlerhaften Strategie vermischt. Deshalb sollte man das Kind immer erst selber eine Lösung ausprobieren bzw. finden lassen.

3.2.4 Beispiele des gestuften Übens

Grundschule[8]: Reihenaufgaben:
5 + 1 ; 6 + 1 ; 7 + 1 ... 10 + 1 ; 11 + 1 oder: 5 + 1 ; 5 + 2 ... 5 + 5 ; 5 + 6

Analogieaufgaben:

8 + 3	18 + 3	28 + 3 ...	88 + 3	98 + 3
8 + 3	8 + 13	8 + 23 ...	8 + 83	8 + 93
8 + 3	80 + 30	800 + 300		

Hauptschule[9]: Das gestufte Üben ist beispielsweise auch bei der Einführung und der Behandlung der Kongruenzsätze von Dreiecken sehr hilfreich. Hierbei bietet es sich an, zuerst den ersten Kongruenzsatz SSS zu behandeln, bevor man daran dann den zweiten Kongruenzsatz SWS anschließt.

3.3 Das operative Üben

3.3.1 Ziel und Durchführung

Ziel des operativen Übens ist der Ausbau und die Förderung der Beweglichkeit des Denkens durch das Herstellen vielfältiger Beziehungen und Zusammenhänge (Tausch-, Umkehr-, Nachbaraufgaben) und durch das Anwenden von Gesetzmäßigkeiten.
Der Schüler soll Wissensnetze und Fähigkeiten erwerben und letztlich auch komplexere Ganzheiten bewältigen können.

---

[8] vgl. Lorenz/Radatz 1993: Kapitel 3 Allgemeine Fördermöglichkeiten
[9] vgl. Leutenbacher 2001

Das operative Prinzip fordert einen Unterricht, der, anknüpfend an konkrete Handlungen, dazu geeignet ist, geistige Operationen herauszubilden, die reversibel, kompositionsfähig und assoziativ sind. Dies soll bei der Einführung mit operativen Gesamtbehandlungen erreicht werden und bei der weiteren Behandlung des Themas mit operativen Übungen. Operative Gesamtbehandlung meint die Einführung einer Operation zusammen mit der Gegenoperation (Lernen im Zusammenhang), die Verknüpfung vorhandener Teilfähigkeiten zu einem größeren Fähigkeitskomplex und die schon frühzeitige Beachtung möglicher alternativer Lösungsverfahren.

Auch für das operative Üben sind Reversibilität, Kompositionsfähigkeit und Assoziativität die zentralen Begriffe. Es sollen keine isolierten Kenntnisse vermittelt werden, sondern es ist das Ziel, das bewegliche Denken des Schülers herauszubilden, den Schüler Zusammenhänge erkennen zu lassen und ihn damit in die Lage zu versetzen, auch komplexere Ganzheiten bewältigen zu können.

Das operative Üben vermeidet das routinierte Abfahren eingeschliffener Wege und Regeln und ersetzt es durch ein überlegtes, planvolles Bewältigen relativ neuer Aufgaben – Aufgaben, die also in einem Zusammenhang (Umkehrung, Nachbarschaft) stehen mit dem bisher Gelernten. Operatives Üben stellt an den Schüler somit höhere Anforderungen als automatisierendes und gestuftes Üben, was aber auch den Anforderungen im Leben eher entspricht – die Beweglichkeit des Denkens ist nur so erreichbar.
Die Fähigkeit, Aufgabenstellungen im Sinne des operativen Übens zu bewältigen, muss behutsam entwickelt und stetig ausgebaut werden.
Die beim operativen Üben hergestellten Beziehungen – umkehren, vertauschen, benachbarte Aufgaben bilden, zerlegen, zusammensetzen, Umwege gehen, Wege verkürzen – werden zu Lösungsstrategien verinnerlicht, die im Laufe der Jahre immer selbstständiger und auf immer komplexere Probleme angewendet werden können.
Operatives Üben leistet damit einen wichtigen Beitrag zur Vermittlung heuristischer Strategien beim Problemlösen.

3.3.2 Beispiele des operativen Übens

Kennzeichnend für die operative Übung ist die Suche nach verschiedenen Lösungswegen und Kontrollen, die Umkehrung der Fragestellung sowie die Variation aller in die Rechnung eingehender Größen. Bei Aufgaben bedeutet dies unter anderem das Herstellen, Erkennen und Anwenden von Beziehungen, Abhängigkeiten und Zusammenhängen durch:

- Umkehren (Umkehraufgabe, Probeaufgabe)
- Vertauschen (Tauschaufgaben)
- Bildung benachbarter Aufgaben (Nachbaraufgaben, Zerlegungsaufgaben)
- Zerlegung von Aufgaben in Teilschritte
- Zusammensetzung von Teilschritten zu größeren Komplexen
- Beschreiten verschiedener Lösungswege: - andere Reihenfolge der Einzelschritte
                                                                    - Umwege gehen
                                                                    - vorteilhaft zusammenfassen
- Variation der Daten

Operative Übungsformen können auch Übungen sein, die Standardformen vermeiden und die Aufgabenstellung so darbieten, dass flexible Lösungsprozesse in Gang gesetzt werden. Beispiel: Kleines Einspluseins mit Zehnerüberschreitung[10]

---

[10] vgl. Radatz/Schipper 2003: 4. Schuljahr, S. 75 f. u. S. 87; 3. Schuljahr, S. 98 ff.

<u>Grundschule[11]:</u>

2. Nachbaraufgaben
Die folgenden Aufgaben sind verwandt. Beginne mit der leichtesten Aufgabe. Rechne halbschriftlich alle weiteren.

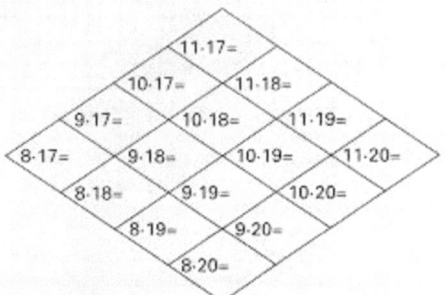

Nach dem Eintrag der Ergebnisse in die Tabelle wird nach Regelmäßigkeiten gesucht. *(Wo sind es jeweils 8, 9, 10, 11 mehr/weniger? Wo 17, 18, 19, 20 mehr bzw. weniger?).*

<u>Weitere Beispiele[12]:</u>   Reihenfolge der Summanden ändern:
1. $7 + 8 = 15$; $7 + 8 = 15$ → $7 + 7 = 14$; $8 + 8 = 16$
2. $2 + 5 + 8 + 5 + 4 + 2 + 6 + 8 = 10 + 10 + 10 + 10 =$

Auch um die Grundrechenarten zu vertiefen und zu festigen bieten sich sowohl das gestufte, als auch das automatisierende und auch das operative Üben an. Alle drei Übungsformen lassen sich ebenfalls sehr effektiv in der Freiarbeit als auch für eventuelle häusliche Trainingseinheiten einsetzen.

<u>Beispielaufgabe ab dem 6. Schuljahr[13]:</u>   Der monatlichen Stromrechnung beispielsweise liegt vereinfacht folgende Struktur zugrunde:
Grundgebühr: 15 € ; Kosten des Stroms: 0,15 €

Rechnungsbetrag R = Grundgebühr + Kosten des Stroms   = G + S
= Grundgebühr + Anzahl verbrauchter kWh x Gebühr pro kWh = G + n x E

Bei einem "Verbrauch von 100 kWh ist also der Rechnungsbetrag R = 15 € + 100 x 0,15 € = 30 €

<u>Variationen:</u> - Wie ändert sich R, wenn n um 1, 2, 3, ... Einheiten zunimmt oder abnimmt?
- Was passiert mit R, wenn n verdoppelt oder halbiert wird?
- Wie ändert sich n, wenn R um 1 €, 2 €, ... zunimmt oder abnimmt?

Auch die Grundgebühr und die Kosten pro kWh sind keine Naturkonstanten:
Wie würde es sich bei einem festen Verbrauch n auf den Rechnungsbetrag auswirken, wenn die Grundgebühr um 1 € erhöht und gleichzeitig die Kosten pro kWh um 1 Cent erniedrigt würden?

---

[11] vgl. Wittmann/Müller 1994: Bd. 2, S. 71
[12] vgl. Lorenz/Radatz 1993: Kapitel 3 Allgemeine Fördermöglichkeiten
[13] vgl. http://did.mat.uni-bayreuth.de

3.4. Das anwendungsorientierte Üben

3.4.1 Ziel und Durchführung

Ziel des Übens durch Anwenden ist es, das Gelernte auf neue Fragestellungen und Anwendungsituationen übertragen zu können und vor allem auch eine Beziehung zur Lebenspraxis herzustellen. Diese Realität ist für die Motivation der Schüler unheimlich wichtig. In diesem Bereich sind vor allem die Sachaufgaben von großer Bedeutung.

Die zentrale Aufgabe des Mathematikunterrichts hierbei ist, dass die Schüler die sinnvolle Anwendbarkeit des gelernten Schulstoffes über umweltbezogenes Lernen erfahren.

Das anwendungsorientierte Üben ist sehr anspruchsvoll: Einsichtiges Lernen, operative Gesamtbehandlung, Betonung des exemplarischen Lernens, Herausstellen zentraler Ideen, Bereitstellen vielseitiger Anwendungsmöglichkeiten – all dies sind günstige Voraussetzungen dafür, dass der Schüler das Gelernte auch anwenden kann.

Grundsätzlich sollten Einstiege in neue Inhalte und Verfahren immer mit einem konkreten Sachproblem beginnen. Nur wenn von Anfang an neue Begriffe und Verfahren in exemplarischer Weise aus Umweltbezügen herausgelöst werden, besteht auch die Chance, dass sie sich auch später wieder in Umweltsituationen bewähren können

3.4.2 Beispiele des anwendungsorientierten Übens

Grundschule[14]: Welt des Geldes:
         - Welchen Betrag kann man mit 2, 3, 4, ... Münzen legen?
         - Stelle 40 Cent auf alle möglichen Arten dar.
         - Gibt es Beträge unter 1 €, für die man mehr als 4 Münzen braucht?

Weitere Beispiele[15]: 1. Florian sagt: „Wenn ich noch 2 € bekomme, dann habe ich 5 €."
                Anke meint: „Wenn ich 2 € ausgebe, dann habe ich 5 €."
           2. Ein Autofahrer fuhr am Montag 147 km und am Dienstag weitere
                158 km. Wie viel fuhr er an beiden Tagen zusammen?
Aufgrund des Lerninhalts als auch der Lernvoraussetzungen eignet sich die Übungsform des anwendungsorientierten Übens beispielsweise aber nicht zur Sicherung der Grundrechenarten. Die unter Punkt 3.4.1 beschriebenen Faktoren dieser Übungsform machen deutlich, dass die Realisierung anwendungsorientierten Übens sehr anspruchsvoll ist. Obwohl hier eigentlich eine ganz zentrale Aufgabe des Mathematikunterrichts liegt, über umweltbezogenes Lernen eine sinnvolle Anwendbarkeit des Lernstoffes zu erfahren, so beschränkt sich diese Übungsform doch weitgehend in der Unterrichtspraxis auf Sachaufgaben, die künstlich auf die Erfahrungswelt der Schüler zugeschnitten werden.

Hauptschule (ab 6. Schuljahr): Oberflächen- und Volumenberechnung des Würfels[16]

Wir gehen von Zerkleinerungsprozessen des Alltags aus: Kaffeebohnen werden zu Kaffeepulver gemahlen; Zwiebeln, Kartoffeln, ... werden in der Küche kleingeschnitten usw. Warum macht man sich diese Arbeit, warum kann man nicht z.B. Kaffee aus ganzen Bohnen brühen?
Um das zu verstehen simulieren wir Zerkleinerungsprozesse in einer ganz einfachen Form: Wir zerlegen Würfel in Teilwürfel und beobachten Oberflächeninhalt und Volumen und vor

---

[14] vgl. Radatz/Schipper 2003: 2. Schuljahr: S. 173
[15] vgl. Lorenz/Radatz 1993: Kapitel 3: Allgemeine Fördermöglichkeiten
[16] http://did.mat.uni-bayreuth.de

allem ihr Verhältnis zueinander. Wir starten mit einem 1-Liter Würfel ($V=1dm^3$, $O=6dm^2$) und zerlegen ihn durch ebene Schnitte parallel zu den Deckflächen in kleinere Würfel. Durch 3 Schnitte ergeben sich 8 Würfel von je 0,125 Liter Volumen und 1,5 dm² Oberflächeninhalt.

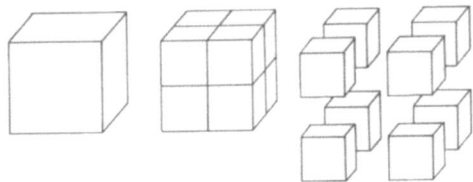

Die Gesamtoberfläche aller 8 Würfel ist 8 x 1,5dm² = 12dm², ist also doppelt so groß wie die des ursprünglichen Würfels.
Zugehörige Tabelle:

Anzahl Schnitte	3	6	27
Volumen der Teilwürfel	$\frac{1}{8}dm^3$	$\frac{1}{27}dm^3$	$\frac{1}{1000}dm^3$
Oberflächeninhalt der Teilwürfel	$6 * \frac{1}{4}dm^2 = \frac{3}{2}dm^2$	$6 * \frac{1}{9}dm^2 = \frac{2}{3}dm^2$	$6 * \frac{1}{100}dm^2 = \frac{6}{100}dm^2$
Gesamtoberfläche aller Teilwürfel	$12dm^2$	$18dm^2$	$60dm^2$
Volumen zu Oberfläche	1:12	1:18	1:60

Zum Verständnis sind zwei Dinge wichtig:

1. Durch Zerkleinern können wir bei Erhaltung des Gesamtvolumens jede beliebig große Gesamtoberfläche gewinnen. Das Kaffeewasser „berührt" im Kaffeepulver somit eine riesig große Kaffeeoberfläche.
2. Je kleiner ein Würfel (Körper) ist, umso größer ist seine Oberfläche relativ zum Volumen. Deshalb können sehr kleine Dinge sogar in der Luft schweben: Pollen, Staub, ...

3.5 Das Zehn-Minuten-Rechnen

3.5.1 Ziel und Durchführung

Die täglichen Zehn-Minuten-Übungen stellen weniger eine einheitliche Übungsform dar als vielmehr einen methodischen Abschnitt innerhalb der Mathematikstunde. Es ist eine Form fest im Unterricht verankerter täglicher Übung zu unterschiedlichen Zeitpunkten mit unterschiedlichen Zielsetzungen und unterschiedlichen Übungsformen.

warming up:	zum warm werden,
wiederholendes Üben:	Festigung des Gelernten oder langfristige und regelmäßige Wiederholung von Grundbeständen des Mathematikunterrichts (Stabilisierung des Wissens)
vorbereitendes Üben:	Bereitstellen von Wissen, dass bei der folgenden Einführung gebraucht wird – zur Vorbereitung auf die Inhalte der Stunde

Meistens wird es an den Anfang der Unterrichtsstunde gesetzt, um beispielsweise bekannte

Inhalte zu wiederholen oder Rechenverfahren zu automatisieren, aber auch um die für den vorgesehenen neuen Inhalt notwendigen Teilfähigkeiten zu konkretisieren. Durch das Zehn-Minuten-Rechnen am Anfang einer Unterrichtsstunde haben die Schüler zudem die Möglichkeit sich „warm zu laufen". Durch anfängliche Erfolgserlebnisse ist so jeder Schüler für den weiteren Gang der Unterrichtsstunde motiviert.

Zehn-Minuten-Rechnen am Ende einer Stunde wird nur selten praktiziert. Dadurch kann der Lehrer dem Schüler noch einmal aufzeigen, welche Lernfortschritte er im Laufe der Stunde gemacht hat. Möglich ist das Zehn-Minuten-Rechnen zum Stundenabschluss aber auch als Entspannung nach einer längeren Phase anstrengender schriftlicher Arbeit.

Im Verlauf des Unterrichts kann das Zehn-Minuten-Rechnen eine unterbrechende und entspannende Funktion haben. Sinnvoll kann das Zehn-Minuten-Rechnen aber auch sein, wenn es im Unterricht mit dem gerade behandelten Thema nicht mehr weiter geht, wobei natürlich das Gespür des Lehrers gefordert ist. Dies kann beispielsweise bei der Einführung langer Gedankenketten, der Monotonie bei Übungen oder bei großer Anstrengung mit anschließender Erschöpfung der Fall sein. Solcher Konzentrationsverlust seitens der Schüler macht grundsätzlich eine Änderung des Lehrverfahrens notwendig.

Das Zehn-Minuten-Rechnen ist besonders für folgende drei Aufgaben geeignet:

1. Überprüfung und Aktualisierung der Vorkenntnisse
   Hiermit ist die Vorbereitung auf Einführungen durch die Aktualisierung der notwendigen Vorkenntnisse gemeint.

   Insbesondere der Mathematikunterricht ist hierarchisch aufgebaut, das heißt, die Anforderungen werden im Laufe der Zeit zunehmend komplexer. Deshalb dürfen alte Unterrichtsinhalte auch nicht vergessen werden, sie sind vielmehr konstituierender Bestandteil der komplexen Anforderungen. Diese zu bewältigen ist nur dann möglich wenn der Schüler über die notwendigen früher gelernten Teilfähigkeiten noch verfügt.

   Nicht selten liegt die Behandlung der für die Einführung notwendigen Vorkenntnisse schon eine geraume Zeit zurück. Das kleine Einspluseins wird beispielsweise im ersten Schuljahr behandelt, die schriftliche Addition und Subtraktion im dritten Schuljahr. Die Ergänzung zum vollen Hunderter ist das Thema des zweiten Schuljahres, wird aber wieder gebraucht bei den Zahlenraumerweiterungen im dritten und vierten Schuljahr. Durch das Zehn-Minuten-Rechnen können die notwendigen Vorkenntnisse aktualisiert werden.

   Das Üben gibt dem Lehrer wichtige Informationen darüber, wie sicher seine Schüler noch über die notwendigen Vorkenntnisse verfügen.
   Diese Art der Übung berücksichtigt einen ganz wichtigen Unterrichtsabschnitt jeder Einführung, nämlich die Prüfung der Vorkenntnisse.
   Die Übungsform des Zehn-Minuten-Rechnens gewährt der Lehrkraft somit einerseits Einblick in den Kenntnis- und Fähigkeitsstand der Schüler und eignet sich zudem herausragend, um die genannten Übungsformen zu stützen.

2. Festigung des gerade Gelernten: „vom kalten Motor zum warmen Motor"

   Das einmalige mühevolle Erbringen einer Leistung eines Kindes heißt nicht, dass das Kind diese Leistung nun immer erbringen kann, diese muss geübt werden.
   Das Zehn-Minuten-Rechnen ist geeignet dafür in kurzer Zeit recht viele Übungsaufgaben zu behandeln, bis alle warmgelaufen sind. Damit einher geht auch die Freude und Motivation des Kindes die gerade gelernten Fähigkeiten bei einer großen Zahl verwandter Aufgaben beweisen zu können.

3. Langfristige Wiederholung von Grundbeständen des Mathematikunterrichts der Grundschule

Viele Stoffe im Matheunterricht der Grundschule sind für das Bestehen im weiteren Unterrichtsgang von Bedeutung, sie ziehen sich wie ein roter Faden durch alle vier Schuljahre.

3.5.2 Beispiele für das Zehn-Minuten-Rechnen

- kleines Einspluseins und kleines Einmaleins
- Zahlvergleiche
- Schätzen, Runden, Überschlagen
- geometrische Grundformen und Lagebeziehungen: Wer entdeckt im Klassenzimmer ein Quadrat, eine Kugel, zwei zueinander senkrechte Parallelen?[17]

Durch das Zehn-Minuten-Rechnen können zentrale Themen ohne großen Zeitaufwand geübt und gefestigt werden.

4. Grundsätze und Prinzipien für erfolgreiches Üben

Um beim Üben möglichst erfolgreich zu sein, ist die Beachtung verschiedener Grundsätze oder Prinzipien hilfreich.

Hier einige Anregungen:

- Die Grundlage des Übungserfolges ist die Übungsbereitschaft seitens der Schüler. Hierzu kann die Einsicht in die Notwendigkeit des Übens durch das Aufzeigen von Kenntnislücken, die Vermittlung von Erfolgserlebnissen sowie eine entspannte, angstfreie Atmosphäre durch eine "spielerische" Gestaltung der Übungen beitragen. Ein Anknüpfen an den Erfahrungswert der Schüler liefert ebenfalls vielfältige Übungsmotive.
- Das Abarbeiten von umfangreichen, gleichförmigen Aufgabensammlungen bewirkt Langeweile. Die Übungsformen sollten daher variiert, die Übungsinhalte abwechslungsreich gestaltet werden.
- Der Übungserfolg hängt stark von der Anzahl und Verteilung der Übungen ab. Für ein kurzfristiges Behalten (etwa vor Klausuren) ist eine größere Übungseinheit besser. Für langfristiges Behalten zeigt sich dagegen das verteilte Üben als vorteilhaft. Daher sind mehrere - über einen Zeitraum verteilte - kleinere Übungen effektiver als eine oder wenige lange Übungseinheiten.
- Das Üben sollte in sinnvollen Zusammenhängen erfolgen und nicht in der Form isolierter Einzelfakten. Dies führt zu einem besseren Behalten und reduziert die Gefahr von Verwechslungen.
- Übungen sollten - wenn möglich - im Umkreis von übergeordneten Fragestellungen und Problemen angesiedelt sein.
- Selbsttätigkeit der Schüler zahlt sich durch ein besseres Behalten des betreffenden Stoffgebietes aus.
- Beim Üben sollte die Möglichkeit zur Differenzierung, unter anderem durch die entsprechende Zusammenstellung von Übungsgruppen, sowie durch den Umfang oder die Auswahl von Aufgaben (Aufgaben, die auf verschieden "eleganten" Wegen gelöst werden können, "offene" Aufgaben mit vielen Lösungen, Frage der Benutzung von Lernmaterial, …) genutzt werden, um den schnell, wie auch den langsam lernenden Schülern Erfolgserlebnisse zu vermitteln.

---

[17] vgl. Radatz/Schipper 2003: 4. Schuljahr: S.72ff.

- Das Übungsergebnis sollte möglichst rasch als richtig oder als falsch bestätigt werden, damit sich falsche Rechenwege gar nicht erst "einschleifen" können und so die Motivation der Schüler durch Erfolge verstärkt wird. Bei der Überprüfung der Aufgaben ist frühzeitige "Selbstkontrolle" der Kontrolle durch den Lehrer vorzuziehen.
- Die Übungen sollten so angelegt sein, dass die Schüler auf längere Sicht lernen "bewusst" zu üben, das heißt, dass sie lernen, das erforderliche Üben selbst zu organisieren und zu steuern.

Zusammenfassung

Übungsphasen des Unterrichts sind intelligent gestaltet,

1. wenn ausreichend oft und im richtigen Rhythmus geübt wird.
2. wenn die Übungsaufgaben passgenau zum Lernstand formuliert werden.
3. wenn die Schüler Übekompetenz entwickeln und die richtigen Lernstrategien nutzen.
4. wenn die Lehrer gezielte Hilfestellungen beim Üben geben.

5. Literaturliste

Bildungsplan Baden-Württemberg 1984

Bildungsplan Baden-Württemberg 1994

Bildungsplan Baden-Württemberg 2004

http://www.bildung-staerkt-menschen.de

http://did.mat.uni-bayreuth.de/studium/veranstaltungen/wintersemester/19992000/arithmetik_und_algebra_im_unterricht/wassilonga/Kap2.html

Leutenbauer, H. : Das praktische Handbuch für den Mathematikunterricht in der Hauptschule, Band 1 Arithmetik, Auer 2001

Lorenz, J. / Radatz, H.: Handbuch des Förderns im Mathematikunterricht, Schroedel 1993

Radatz, H. / Schipper, W.: Handbuch für den Mathematikunterricht an Grundschulen. Schroedel 1983

Radatz, H. / Schipper, W. / Dröge, R. / Ebeling, A. : Handbuch für den Mathematikunterricht. 1.-4. Schuljahr, Schroedel 2006

Schneider, F.: Üben, was ist das eigentlich? Hbs Nepomuk 1998

Wittmann, E./ Müller, G.: Handbuch produktiver Rechenübungen, Bd.2, Vom halbschriftlichen und schriftlichen Rechnen, Klett 1994